苗谱

苗 谱 丛 书

丛书主编：刘 勇

花 楸

Sorbus pohuashanensis (Hance) Hedl.

杨 玲 梁立东 编著

沈海龙 主审

中国林业出版社

图书在版编目（CIP）数据

花楸 / 杨玲, 梁立东编著. –– 北京 : 中国林业出版社, 2021.12
（苗谱系列丛书）
ISBN 978–7–5219–1503–7

Ⅰ.①花… Ⅱ.①杨… ②梁… Ⅲ.①花楸－育苗
Ⅳ.①S792.25

中国版本图书馆CIP数据核字(2022)第009770号

中国林业出版社·自然保护分社（国家公园分社）
策划编辑：刘家玲
责任编辑：宋博洋　刘家玲

出版　中国林业出版社（100009　北京市西城区德内大街刘海胡同 7 号）
　　　　http://www.forestry.gov.cn/lycb.html　电话：（010）83143519　83143625
发行　中国林业出版社
印刷　河北京平诚乾印刷有限公司
版次　2021 年 12 月第 1 版
印次　2021 年 12 月第 1 次印刷
开本　889mm×1194mm　1/32
印张　2.75
字数　82 千字
定价　28.00 元

苗谱

《苗谱丛书》顾问

沈国舫 院士（北京林业大学）

尹伟伦 院士（北京林业大学）

《苗谱丛书》工作委员会

主 任：杨连清（国家林业和草原局林场种苗司）

委 员：刘 勇（北京林业大学）

赵 兵（国家林业和草原局林场种苗司）

丁明明（国家林业和草原局林场种苗司）

刘家玲（中国林业出版社）

李国雷（北京林业大学）

编写说明

　　种苗是国土绿化的重要基础，是改善生态环境的根本保障。近年来，我国种苗产业快速发展，规模和效益不断提升，为林草业现代化建设提供了有力的支撑，同时有效地促进了农村产业结构调整和农民就业增收。为提高育苗从业人员的技术水平，促进我国种苗产业高质量发展，我们编写了《苗谱丛书》，拟以我国造林绿化植物为主体，一种一册，反映先进实用的育苗技术。

　　丛书的主要内容包括育苗技术、示范苗圃和育苗专家三个部分。育苗技术涉及入选植物的种子（穗条）采集和处理、育苗方法、水肥管理、整形修剪等主要技术措施。示范苗圃为长期从事该植物苗木培育、育苗技术水平高、苗木质量好、能起到示范带头作用的苗圃。育苗专家为在苗木培育技术方面有深厚积淀、对该植物非常了解、在该领域有一定知名度的科研、教学或生产技术人员。

　　丛书创造性地将育苗技术、示范苗圃和育苗专家结合在一起。其目的是形成"植物+苗圃+专家"的品牌效应，让读者在学习育苗技术的同时，知道可以在哪里看到具体示范，有问题可以向谁咨询打听，从而更好地带动广大苗农育苗技术水平的提升。

　　丛书编写采取开放形式，作者可通过自荐或推荐两个途径确定，有意向的可向丛书编委会提出申请或推荐（申请邮箱：

miaopu2021start@163.com），内容包含植物名称、育苗技术简介、苗圃简介和专家简介。《苗谱丛书》编委会将组织相关专家进行审核，经审核通过后申请者按计划完成书稿。编委会将再次组织专家对书稿的学术水平进行审核，并提出修改意见，书稿达到要求后方能出版发行。

丛书的出版得到国家林业和草原局、中国林业出版社、北京林业大学林学院等单位和珍贵落叶树种产业国家创新联盟的大力支持。审稿专家严谨认真，出版社编辑一丝不苟，编委会成员齐心协力，还有许多研究生也参与了不少事务性工作，从而保证了丛书的顺利出版，编委会在此一并表示衷心感谢！

受我们的学识和水平所限，本丛书肯定存在许多不足之处，恳请读者批评指正。非常感谢！

《苗谱丛书》编委会

2020年12月

花楸〔*Sorbus pohuashanensis*（Hance）Hedl.〕，别名百花山花楸、花楸树，属蔷薇科花楸属落叶小乔木，是我国北方珍贵的观叶、观花、观果、观形俱佳的优良树种。花楸的果可食用，树枝、树皮及果实均可入药；木材具多种用途。因此，花楸既是优良观赏树种，又是重要经济树种。正是由于这个原因，花楸市场前景看好，促使许多苗圃或个人纷纷通过播种培育花楸幼苗，发展势头迅猛。近年来，有关花楸苗木培育的相关研究报道渐多，特别是有关花楸播种育苗技术以及苗木培育技术的研究已取得很多成果。因此，迫切需要有人向大家介绍这些成果和前景，以推动花楸苗木培育事业的蓬勃发展。

本人在国家自然科学基金面上项目"一氧化氮依赖浓度调控花楸胚胎休眠与萌发的作用机制研究"（32071757）、国家"十五"科技攻关项目"林业生态工程构建技术研究与示范"（2004BA510B08）、国家"十一五"科技支撑项目"天然林保育恢复与可持续经营技术研究"（2006BAD03A04）、黑龙江省科技攻关项目"黑龙江省主要珍贵树种保存与造林及绿化树种选育技术的研究"（GB02B103）、黑龙江省自然科学基金面上项目"外源NO影响花楸树胚胎萌发的生理机制研究（C201407）"、林业标准制修订项目（2008–LY–166）"花楸育苗技术规程"(2008.06—2009.12)、哈尔滨市科技攻关项目"花楸产业化微繁技术体系研究"（2003AA6CN094）、东北林业大学青年科研基金项目"花楸体胚发生路径的研究"（2005–2007）的资助下，在对花楸播种育苗技术、组织培养技术深入研究的基础上，对大量有关文献进行了系统的收集和整理，以自己的研究成果为主线，对花楸种子生物学和苗木培育技术进行了阐述。本书的内容是生产中成熟应用的研究成果，有的是近些年最新研究成果。其中，容器苗培育、压条育苗、分株育苗、移植技术、修剪技术、管护技术和示范苗圃的内容由黑河市林业科学院研究员级高级工程师梁立东撰写。沈海龙教授在花楸种子生物学和苗木培育技术的研究中给予了大量精心的指导，在此对他谨表诚挚的谢意。由于本人的水平有限，文献阅读有限，加之专业的限制，本书尚有许多不完善之处，欢迎大家批评指正，以促使我不断进步。

杨 玲

2021年9月28日

目 录
CONTENTS

苗譜

第1部分

花楸概况及育苗技术

PART 1

1 花楸简介 🌿

学名：*Sorbus pohuashanensis* (Hance) Hedl.
科属：蔷薇科花楸属

1.1 形态特征

　　落叶小乔木，高达8m。小枝粗壮，圆柱形，灰褐色，具灰白色细小皮孔，嫩枝具绒毛，逐渐脱落，老时无毛。冬芽长圆卵形，先端渐尖，具数枚红褐色鳞片，外面密被灰白色绒毛。奇数羽状复叶，连叶柄在内长12～20cm，叶柄长2.5～5cm；小叶片5～7对，间隔1.0～2.5cm，基部和顶部的小叶片常稍小，卵状披针形或椭圆披针形，长3～5cm，宽1.4～1.8cm，先端急尖或短渐尖，基部偏斜圆形，边缘有细锐锯齿，基部或中部以下近于全缘，上面具稀疏绒毛或近于无毛，下面苍白色，有稀疏或较密集绒毛，间或无毛，侧脉9～16对，在叶边稍弯曲，下面中脉显著突起；叶轴有白色绒毛，老时近于无毛；托叶草质，宿存，宽卵形，有粗锐锯齿。复伞房花序具多数密集花朵，总花梗和花梗均密被白色绒毛，成长时逐渐脱落；花梗长3～4mm；花直径6～8mm；萼筒钟状，外面有绒毛或近无毛，内面有绒毛；萼片三角形，先端急尖，内外两面均具绒毛；花瓣宽卵形或近圆形，长3.5～5mm，宽3～4mm，先端圆钝，白色，内面微具短柔毛；雄蕊20，几与花瓣等长；花柱3，基部具短柔毛，较雄蕊短。果实近球形，直径6～8mm，红色或橘红色，具宿存闭合萼片。花期6月，果期9～10月。内果皮软骨质，2～5室，各室具种子1～2枚（中国科学院中国植物志编辑委员会，1974；郑万钧，1985；任步钧，1985；周以良，1986；周德本，1986；成俊卿等，1997；杨玲，2008）。

　　花楸特征见图1-1和图1-2，花楸苗期形态见图1-3，花楸庭院栽培应用见图1-4。

图1-1 花楸
［1.果枝；2.雌蕊；3.花纵剖面（引自《中国树木志》冯晋庸绘）］

图1-2 花楸特征彩色照片（杨玲 摄）
（A.灰褐色树干；B.白色复伞房花序；C.橘红色果实；D.红色羽状复叶）

图1-3 花楸苗期形态（杨玲 摄）
（A.幼苗具2片真叶；B.奇数羽状复叶；C.复叶对生）

图1-4 植物园内栽培的花楸（A~B）及其果实（C）（8月初，杨玲 摄）

1.2 生长习性

　　花楸是中等喜光、较耐阴树种，喜湿润且排水良好的酸性或微酸性土壤，在全光条件下生长良好。耐寒力强，可耐–50℃低温（任步钧，1985）。耐湿冷环境，亦能耐干燥瘠薄土壤。抗烟、抗病力强，耐污染。

　　苗期生长习性：播种后出苗期需要适当遮阴，苗出齐后去掉遮阴，苗木宜在土壤疏松、透水透气良好、保证通风和光照的条件下生长，视木质化程度采用覆土防寒越冬。

1.3 分布状况

主要分布于北温带我国东北、华北及甘肃等地,在朝鲜北部和俄罗斯西伯利亚东部也有分布。常生于海拔600~2500m的山坡、山谷、杂木林内、林缘或小河旁,多于溪涧和阴坡生长。在东北,主要分布在吉林省八家子区和黑龙江省小兴安岭以南的山地,如小兴安岭、完达山、张广才岭以及老爷岭山区。花楸虽然分布很广,但多单株散生在较高海拔的山地暗针叶林(云杉、冷杉林)内,数量不多,是寒温性针叶林特有的伴生阔叶树种。

在黑龙江省伊春市五营森林公园(图1-5)、绥阳林业局新青经营所、绥阳小北湖林场、山河屯林业局凤凰山经营所、吉林省八家子林业局先锋林场、露水河林业局、辽宁省桓仁县境内老秃顶自然保护区均有花楸自然分布,且均呈零散生长状态,分布在石塘地、山脊、河旁、路旁、林缘等地方。常伴着松树、椴树、桦树、杨树、水曲柳、榆树、槭树等生长,所处环境潮湿(其中,老秃顶自然保护区内花楸生长环境的相对湿度达到80%)。

图1-5 黑龙江省伊春市五营国家森林公园内天然花楸(10月下旬,杨玲 摄)

1.4 树种文化

花楸，别名花楸树（《救荒本草》）、百华花楸（《河北习见树木图说》）、红果臭山槐、绒花树、山槐子（河北土名）、马加木（东北土名）。英语通用名为"Mountain ash"，俄语通用名是"Рябина"。

花楸是观叶、观花、观果、观形俱佳的优良树种。其树形优美；春季满树银花，芳香四溢；夏季羽叶秀丽；秋季羽叶鲜红，金黄至橘红色的果实挂满枝头，光彩夺目（图1-6）；冬季宿存的红艳果实在瑞雪中耀眼闪光，引人入胜。花楸树在公园、街道、庭院、厂区等地栽植容易，管理简便，更重要的是能美化环境，赋予人们极大的美感。

图1-6　花楸的优良观赏价值（杨玲　摄）
（A.苗条优美的花楸树；B.满树银花；C.秀丽的羽叶；D.橘红色的果实挂满枝头）

俄罗斯人把花楸称为俄罗斯的树，把它看作故乡和家园的象征。俄罗斯人非常喜爱花楸树，经常说："Рябина живёт с нами от рождения до старости то скует радуется и поёт"（花楸树同我们永远在一起，忧我们之所忧，乐我们之所乐，唱我们之所唱）。花楸的果实是苦涩的，所以人们说到花楸时总是用"苦涩"和"忧伤"这样的修饰语，在歌曲《别悲伤，花楸树》《乌拉尔的花楸树》和《纤细的花楸树》中充分表达了花楸悲伤和忧郁的形象。诞生于1953年苏联时期的爱情歌曲《山楂树》（原名《乌拉尔的花楸树》（《Уральская рябинушка》）在20世纪50年代随着大量的苏联歌曲传入中国，被广为传唱。火热的青春里有闪亮的幸福和甜蜜，纯洁、质朴得犹如一株株开满白花的花楸（图1-7）。

图1-7　花楸的白色花序（A）和
花朵（B）（5月末，杨玲 摄）

花楸木材可做家具。木材属散孔材类，有光泽；边材浅黄褐色或浅灰褐色，心材黄褐至灰红褐色；纹理直，木材结构细致，均匀，切面光滑，耐磨损，适宜制作各种雕刻、美术工艺品、玩具及把柄、手枪之类的小件木制品。

花楸果可制酱、酿酒、加工食用及入药。花楸果可食用，含糖分、柠檬酸、维生素A，维生素C和胡萝卜素，可制作果酱、果汁及酿酒。种子含脂肪油15.75%、淀粉15.57%，茎皮含挥发油等物质。花楸提取物作为化妆品原料。花楸浆果被用来制作果冻、果酱以及蜜饯类食品，也可以用来制作茶饮或者各种各样的酒精饮品。花楸浆果是非常好的天然山梨酸的来源，这种天然脂肪酸具有润肤特性，可以软化和舒缓肌肤。同时，山梨酸拥有强大的抗真菌的特性，是追求肌肤调理及广谱抑菌功效的化妆品配方的理想原料。

　　花楸果实、茎及茎皮为中药材，夏、秋采收。功能主治为：镇咳祛痰，健脾利水，可治慢性气管炎、肺结核、水肿。

2 繁殖技术

2.1 播种育苗

2.1.1　种子采集、调制与催芽

2.1.1.1　种子采集

　　选择海拔较低、年均气温较高的种源，路旁、林缘生长的母树，以果实颜色鲜艳均一、果型圆润、结实量大为宜。9月上旬至10月下旬采种。当果实外观色泽鲜艳、手感稍软时要及时采收。采种时上树采种（图1-8）或在树下用枝剪将果穗直接剪下即可。采集果实时应注意保护母树。

　　不同采摘时期花楸果实颜色和状态见图1-9。果实重量见表1-1。一般10月上旬，即授粉后135d时采的种子最重，千粒重为4.3700±0.3052g（表1-1～表1-2）。授粉后135d的子叶形胚最长（为0.315±0.017cm）和最宽（为0.196±0.004cm）（表1-3），叶形胚的长/宽比值最小（表1-3）。

图1-8　10月上旬上树采种（梁立东 摄）

图1-9　不同发育时期果实颜色变化（杨玲 摄）
（A. 7月初采摘；B. 7月中旬采摘；C. 7月末采摘；D. 8月中旬采摘；E. 10月中旬采摘）

表1-1　授粉后不同时间果实重量的多重比较结果

授粉后时间（d或h）	果实重量（g）	授粉后时间（d或h）	果实重量（g）
135（d）	0.321±0.070 A	12（d）	0.047±0.013 FG
105（d）	0.281±0.016 B	7（d）	0.015±0.003 G
90（d）	0.271±0.050 B	5（d）	0.011±0.002 G
75（d）	0.243±0.053 BC	6（d）	0.010±0.001 G
60（d）	0.227±0.046 C	4（d）	0.009±0.002 G
45（d）	0.182±0.042 D	56（h）	0.007±0.001 G
37（d）	0.154±0.017 DE	75（h）	0.007±0.000 G
28（d）	0.129±0.024 E	32（h）	0.006±0.002 G
22（d）	0.062±0.013 F	25（h）	0.003±0.001 G

　　注：表中数据后的大写字母不同表示在0.01水平差异极显著，相同表示差异不是极显著。

表1-2　授粉后不同时间种子千粒重的多重比较结果

授粉后时间（d）	千粒重均值（g）	5%显著水平	1%极显著水平
135	4.3700 ± 0.3052	a	A
105	4.0053 ± 0.2265	a	AB
90	3.9713 ± 0.3172	a	AB
75	3.5147 ± 0.1456	b	BC
60	3.2133 ± 0.2055	b	CD
45	2.7147 ± 0.1181	c	D

注：表中数据后的大写字母不同表示在0.01水平差异极显著，小写字母不同表示在0.05水平差异显著，相同表示差异不显著。

表1-3　授粉后不同时间子叶形胚的形态测量及多重比较结果

授粉后时间（d）	长度（cm/个）	宽度（cm/个）	长/宽比值
30	0.234 ± 0.043 AB	0.080 ± 0.009 D	2.91 ± 0.206 ab
45	0.234 ± 0.020 AB	0.095 ± 0.020 CD	2.55 ± 0.587 b
60	0.237 ± 0.047 AB	0.069 ± 0.030 D	3.96 ± 1.766 a
75	0.310 ± 0.019 A	0.161 ± 0.004 AB	1.93 ± 0.090 b
90	0.219 ± 0.024 B	0.127 ± 0.024 BC	1.79 ± 0.583 b
105	0.271 ± 0.029 AB	0.141 ± 0.012 B	1.94 ± 0.293 b
135	0.315 ± 0.017 A	0.196 ± 0.004 A	1.61 ± 0.098 b

注：表中数据后的大写字母不同表示在0.01水平差异极显著，小写字母不同表示在0.05水平差异显著，相同表示差异不显著。

2.1.1.2　调制

花楸种子可采取两种方法调制：一是采收后立即调制，然后把调制好的种子晾干，装在布袋里，放在安全通风处，待进一步处理。二是采收后将其装在袋子里放在室外任其冻结，待到处理种子前进行调制，即种子调制后立即处理。由于花楸果实含有较多的果胶、糖类、水分，易腐烂，最好是及时进行调制。花楸果实采摘后如图1-10所示。

种子调制方法（图1-11）：将采集的果实堆放在室内或装筐，待果实腐熟变软后将其捣碎，用水浮出果皮与果肉，将潮湿的种子阴干，达到安全含水量（9%~10%）即可。揉搓去除种子表面的种壳，去杂后可得到纯净的成熟种子。种皮棕红色、颗粒饱满的种子为

优质种子（图1-11F）。调制过程宜轻柔细淘，以免伤及种皮。花楸
果实大批量采集和种子调制过程见图1-12。

图1-10　采摘后准备调制种子的花楸成熟果实（A~B）（杨玲　摄）

图1-11　花楸果实堆沤后调制出种子的过程（杨玲　摄）
（A.采集的果实堆放在室内；B.果实腐熟变软；C、D.捣碎的果皮和果肉；E.潮湿的种子阴干；F.揉搓去除种子表面的种壳、去杂后得到纯净的成熟种子）

图1-12　花楸果实大批量采集和种子调制过程（梁立东 摄）
（A.采集果实；B.机械处理果实；C.清洗种子；D.种皮处理；E.种子消毒）

　　花楸种皮特征见图1-13和图1-14。种子内饱满胚胎见图1-15。花楸种子属于小粒种子，长约3mm，宽约2mm。果实调制后出种率在1%～3%，1kg的果实可调制出10～30g的成熟种子，种子千粒重为1.90～3.51g。每千克种子大约含有$2.85 \times 10^5 \sim 5 \times 10^5$粒种子。

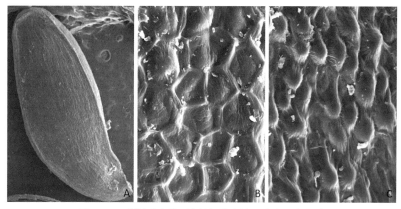

图1-13　花楸种皮微形态的扫描电镜图片（杨玲 摄）
［A：种子全图（1mm）；B：种子背面扫描图（20μm）；C：种子腹面扫描图（20μm）］

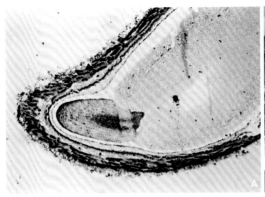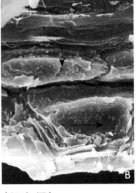

图1-14　花楸种子剖面和外种皮结构（杨玲　摄）

［A：种子石蜡切片图（4×，由外向内依次为外种皮、透明细胞层、内种皮和胚乳）；B：外种皮结构扫描电镜图（10μm，栅状细胞层）］

图1-15　花楸种子内饱满的白色合子胚（杨玲　摄）

［A：完整合子胚（1.8×）；B：合子胚的子叶和具单片子叶的合子胚（1.8×）］

2.1.1.3　贮藏

调制好的种子可装在布袋里，放在室温下安全通风处，待进一步处理。也可将调制后干燥（含水量为5%～6%）的种子在0～5℃的低温条件下长期密封保存，以使种子保持较高的生活力。不同种源、批号的种子要分别建立种子标签。

2.1.1.4　催芽

花楸种子具有生理休眠特性。种子可秋播或春播。

秋播种子处理：每年9月初种子采后可直接秋播。种子处理时搓洗去掉外层黏稠物，清水冲洗，使用0.5%的高锰酸钾溶液浸种消毒2~3h，捞出后用水洗净，用50％　N－（2－苯骈咪唑基）－氨基甲酸甲酯可湿性粉剂拌种防治立枯病，拌种药量为种子重量的0.5％~1.0％。混入等量消毒的河沙。

春播种子处理：果实采收后进行种子催芽预处理，前期处理与秋播处理基本相同，混沙（种子∶沙=1∶3）后常温下养胚30d，在室外背阴处自然冷冻。至播种前15d取出种子解冻，在2℃左右催芽处理。0~5℃条件下，70~140d发芽。花楸种子室内层积催芽可用种子处理箱，室外层积催芽可采用催芽坑（图1-16）。

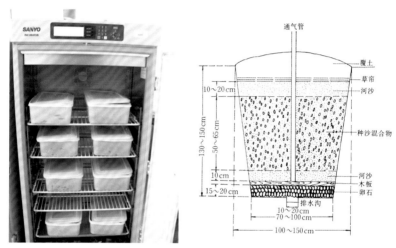

图1-16　种子混沙层积处理
（左：杨玲摄；右：引自《苗木培育学》）

春播前，在4月中下旬取出种子后在室外晾晒，每天勤翻动、勤浇水，保持种子湿润，晚上放在室内或用草帘盖好，大约经过10d即可播种。如果采用塑料大棚内种床育小苗，可比室外大田直接育苗提前1个月进行。

2.1.2　裸根苗培育

2.1.2.1　播种前准备
（1）育苗地选择

选择在地势较高且平坦、地面坡度小于30°、背风向阳、排灌方便的地块。应选土层厚不少于40cm、pH6.0～7.5、无碎石杂草、无病虫害、土壤肥沃的沙壤土或壤土。选择水源充足、灌溉方便、地下水位3～5m的地块。

图1-17 育苗前整地

（2）整地

育苗前土壤深翻耙平（图1-17）。结合整地施基肥，每公顷均匀撒施充分腐熟的农家肥80000～150000kg。

（3）作床

一般使用标准高床（图1-18），床面高10～30cm，宽80～100cm，长度根据地形和机械化程度而定，步道宽度40～50cm。

图1-18 花楸播种前整地和作床（梁立东 摄）
（A.筑床；B.接床；C.播种床平整；D.花楸播种地）

干旱地区也可以使用70～100cm宽的低床，或者按行距20cm开沟，沟深3cm，播后荡平即可。在作床前应灌足底水。

（4）播种期

秋播：一般为10月中旬左右土壤封冻前进行。

春播：一般在4月下旬至5月上旬进行。

（5）播种量

花楸种子一般播种量为12g/m²。播种量根据单位面积产苗量而定，要求种子千粒重2.0～2.4g，纯度一般为95%，发芽率可根据种子测定。播种量、留苗密度与苗木质量关系见表1-4（于春江等，1998；梁华等，1999；吕威等，2001）。

表1-4　播种量、留苗密度与苗木质量关系

播种量（kg/667m²）	株数（株/m²）	平均苗高（cm）	平均地径（cm）
0.5	80	34	0.85
1.0	90	31	0.81
1.5	100	28	0.76
2.0	110	22	0.65
2.5	120	17	0.56

2.1.2.2　播种方法

一般采用床面条播或混沙撒播。播种前用0.3%高锰酸钾对床面进行消毒。播种时，随播种、随覆土、随镇压。

秋播：采用撒播或条播形式将混沙后的种子均匀洒入苗床，覆细沙土厚度为0.5cm，播种后覆细土1cm，浇透水后覆盖松针（厚度0.5cm）及草帘（图1-19）。秋播出苗率达到85%以上。

春播：采用撒播或条播形式将混沙催芽后的种子均匀洒入苗床，覆细沙土厚度为0.5cm，覆盖一层松针（厚度0.5cm），再上一层遮阴网（遮阴率50%～70%）。播种1周后出苗，半个月后普遍出苗。

图1-19 花楸播种操作（梁立东 摄）
（A.播种床；B.混沙种子；C.条播；D.播后覆土；E.覆盖松针；F.覆盖草帘）

2.1.2.3 苗期管理

（1）播后管理

秋播后，翌年4月末至5月出苗，干旱时需适当浇水保持床面湿润（图1-20），出芽后撤去草帘（图1-21）。幼苗时期，宜在每日高温时期喷水降温，防治日灼；宜进行间苗，留苗密度为150~200株/m²。

春播后，一般播后7d开始出苗（图1-22），20d苗木出齐（图1-23）。幼苗初期，苗木必须用遮阴网遮阴。方法是拱棚遮阴（图1-24）。保持床面湿润，待幼苗长出2片叶时，傍晚或者阴天撤去遮阴网。幼苗时期，宜在每日高温时期喷水降温，防止日灼；宜进行间苗，留苗密度为150～200株/m²。播种后花楸出苗期和幼苗期形态见图1-23。1年生播种苗生长情况统计见表1-5。

图1-20　花楸播种后出苗前铺设灌溉管道（梁立东 摄）

图1-21　花楸出苗前撤除草帘（梁立东 摄）

图1-22　花楸播种后7d出苗（梁立东 摄）

图1-23　花楸播种后20d幼苗
（杨玲 摄）

图1-24　花楸幼苗期搭拱棚遮阴
（梁立东 摄）

表1-5　1年生播种苗生长情况统计

生长时期	日期	苗高（cm）	地径（cm）	主根长（cm）	根幅（cm）	侧根数（条）	叶片数（枚）	调查日期
出苗期	4.10–4.29	5	0.1	3	1.0	0	2	4.29
幼苗期	4.30–6.30	12	0.3	9	4.2	10	13	6.30
速生期	7.01–8.31	32	0.8	23	19	25	18	8.31
生长后期	9.1–10.20	34	0.85	25	21	27	20	10.20

注：表中数据引自姜楠等（2004），试验地设在丹东地区。

（2）灌溉和排水

灌水量根据幼苗大小、土壤含水量和空气湿度情况，做到适时适量。浇水时，水滴细小成雾状（图1-25）。

出苗期持续时间20d左右。在出苗前后浇水时要湿透种子层以下，注意遮阴。每天早晚各浇一次晾晒水，原则是保持床面湿润以利出苗。

幼苗期从5月初到6月末，前期每天浇水2次，后期依天气情况可适当减少为1次或不浇。出苗后要及时松土、除草、追肥和病虫害防治。但苗木出土后，初期生长较慢，抗性差，需水量大，应注意喷水保持湿度。

图1-25 播种后（A）和幼苗期（B）灌溉（梁立东和沈海龙 摄）

速生期从7月初到8月末，要适时适量追肥。花楸树在苗期不易患病虫害。但苗木过密，易得白粉病，应加强中耕除草及间苗。同时从5月末开始每隔10d喷施1次波尔多液，防治效果好。从6月末开始，每10d可追肥1次，以尿素为主，最后一次施肥时间不能晚于7月末。施肥后要及时将苗地灌透。雨后及时培床清道，修整沟渠，保证外水不入侵，内水能外排。速生期花楸播种苗木见图1-26。

图1-26 花楸播种苗木速生期（梁立东 摄）

生长后期从9月初到10月下旬，主要任务是促进苗木木质化（图1-27），防止徒长，提高苗木对低温和干旱的抗性，在这一阶段应停止一切促进苗木生长的技术措施。

图1-27　花楸苗木秋季进入木质化阶段（杨玲 摄）

（3）除草和松土

苗出齐后应及时松土、除草。除草应在浇水后进行。一定要控制住杂草，原则是见草就拔，以防草大拔时带苗。配合除草进行中耕松土，增加土壤的透气性（图1-28）。

（4）间苗和定苗

拔草时分期间苗，幼苗展开2～4对真叶时进行第一次间苗，拔除生长过于密集、发育不健全和受伤、感染病虫害的幼苗，使幼苗分布均匀。以后根据幼苗生长情况进行第二次、第三次间苗和定苗。在7月中旬定苗，每平方米留苗150～200株（图1-29）。

图1-28　花楸苗期松土除草　　　　　图1-29　花楸播种苗定苗后
　　　（梁立东 摄）　　　　　　　　　　（梁立东 摄）

（5）病虫害防治

立枯病：可喷0.125％～0.2％的萎病康或用25％多菌灵400～500倍液喷雾防治。每5～7d喷一次。

叶枯病：可用代森锌或代森锰锌0.25％的溶液喷雾防治。

蚯蚓和蝼蛄危害：可用0.125％的辛硫磷溶液和0.2％的氧化乐果灌穴。

蚜虫危害：可用氧化乐果1000倍液喷雾防治。

（6）越冬防寒

当年生播种苗可不加任何保温措施，安全越冬（图1-30）。

（7）其他管理措施

要控制少生侧枝，及时摘芽除蘖。

图1-30　黑河地区下雪前（A）和下雪后（B）花楸当年生播种苗（梁立东 摄）

2.1.3　容器苗培育

2.1.3.1　容器种类

选用直径8cm、高10cm左右的营养杯较为适宜。

2.1.3.2　营养土配制

基质为草炭土：河沙=3∶1为宜，如有可能，添加适量的腐熟有机肥效果更好，体积比为（草炭土+河沙）∶有机肥=5∶1。如果没有有机肥，可用化肥作为底肥（一般用二铵）。将已装基质的营养杯灌透底水后，在播种前1周采用代森锌消毒，方法见商品标鉴说明，准备播种。

注意：适当施加底肥是非常重要的；在草炭土中混合河沙也是必需的，虽然沙子没有营养，但是它的加入增加了土壤通透性，保证苗木根系生长发育。

2.1.3.3　播种方法

将已裂口的种子播种到长30～40cm、宽25～30cm、高度10～15cm的育苗盘（塑料框即可）的基质表面，不覆土，用喷雾器浇灌，保持种子和基质的湿润，一般20～30d种子即可萌发。

2.1.3.4　苗期管理

浇水：每天少量多次喷水，保持种子和幼苗的湿度；喷水次数要依实际情况而定。随着苗木的生长，浇水量可以适当减少。由于容器储水量较少，一般每天要浇1～3次水，视具体情况而定。

施肥：不同时期，施肥方法不同。

①春季施肥。播种后4～9周施用氮磷钾混合肥，每种元素的比例为：氮19%、磷5%、钾20%。将混合肥料配制为千分之一浓度，即每升水中加入1g肥料；每半个月喷洒一次。

②夏季施肥。播种后10～15周施用氮磷钾混合肥，每种元素的比例为：氮11%、磷21%、钾25%。将混合肥料配制为千分之一浓度，即每升水中加入1g混合肥；每半个月喷洒一次。

③秋季施肥。越冬用肥，一般9月末施用，每种元素的比例为：氮0%、磷16%、钾20%。将混合肥料配制为千分之一浓度或八百分之一，即每升水中加入1g或每800g水中加入1g混合肥料；每半个月喷洒一次。

病害防治：立枯病防治定期喷洒多菌灵等药剂，防治立枯病的发生。每隔2周喷洒一次杀菌剂；最好2种杀菌剂交替使用。

虫害防治：每隔2周喷洒一次杀虫剂；最好2种杀虫剂交替使用。

除草：播种一段时间后，杂草萌生，必须及时清除。除草要"除早、除小、除了"。

2.2　嫁接育苗

2.2.1　接穗采集

接穗宜选用3年生花楸人工栽培植株，3月下旬至4月初采集接穗，粗度0.5～0.6cm，剪成15cm左右长，保留2～3个芽，顶端要留饱满芽，在80℃左右的石蜡液中蘸一次，使整个接穗表面蒙上一层薄薄的石蜡膜保水，存放于4℃冰箱保存；或将接穗用湿报纸包上，再用保鲜膜包好防止失水，放入地窖储藏。

2.2.2　砧木选择

选择亲缘关系近、形态结构相似程度高的砧木。例如3年生花楸植株、八棱海棠、北京花楸、华北珍珠梅等。

2.2.3　嫁接方法

在4月中下旬（树液刚开始流动时）至5月初开始嫁接。采用劈接法（图1-31）。在接穗下芽3cm处的下端两侧削成2～3cm长的楔形斜面。当砧木比接穗粗时，接穗下端削成偏楔形，使有顶芽的一侧较厚，另一侧稍薄。砧木与接穗粗细一致时，接穗可削成正楔形。剪断砧木并在断面正中下劈，劈口长1.9～2.4cm，将接穗削面厚端朝外薄端朝里插入砧木劈口，厚端形成层对齐。接穗面要平整光滑，与砧木劈口紧靠，用1～2cm宽塑料条严密缠绑接口，勿漏缝（肖乾坤，2010）。常用嫁接刀和绑带见图1-32。

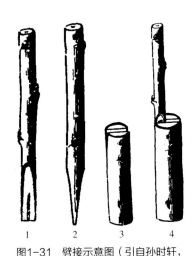

图1-31　劈接示意图（引自孙时轩，1992）
（1.插穗正面；2.插穗侧面；3.劈开的砧木；4.接穗插入）

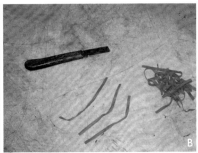

图1-32　嫁接用具（A：嫁接刀；B：嫁接刀和绑带）（张鹏 摄）

2.2.4 苗期管理

2.2.4.1 温度管理

接后小棚内白天温度保持在30℃左右，夜间保持在20℃。调整大小棚通风量使苗床内日温25~28℃，夜温13~15℃。

2.2.4.2 湿度管理

接后3~4d要保持棚内较高的湿度，通过压严大小棚以保证小棚内相对湿度达95%~100%，从第5天起逐渐通风降低湿度，成活以后保持正常相对湿度65%~75%。

2.2.4.3 光照调控

嫁接当天遮阴不见光，第2天早晚可以适当少量见光，以后可以逐渐加大见光量，视接穗不萎蔫为度。正常管理7天以后可以不遮阴。

2.2.4.4 其他管理

嫁接成活后，砧木常萌发许多蘖芽，需抹芽除蘖4~5次，间隔15~20天；结合通风将砧木上长出的腋芽除去，一般晴天上午9：00~10：00开始通风。及时防治病虫害，除使用药剂外，及时剪除带病虫的叶子。新芽长至30~40cm时，即可解除绑条。以后按照常规方法管理。

2.3 扦插育苗

2.3.1 穗条选择

5月下旬左右，选取1~3年生母树嫩枝作插穗，插穗的取材部位均为当年生侧枝的顶端（肖乾坤，2010）。

2.3.2 穗条处理

用枝剪（图1-33）将插穗剪成长6~10cm，保留2~3个腋芽以及2~4片叶子。

图1-33　用于剪插穗的枝剪（沈海龙 摄）

2.3.3　插床准备

以1～3年生母树嫩枝作插穗，扦插基质为珍珠岩、草炭和蛭石等体积混合的基质。先用0.5%KMnO₄溶液对床面消毒，再用0.3%多菌灵对扦插基质进行消毒。

2.3.4　扦插方法

将插穗基部在2200mg/kg NAA溶液中浸泡10s，然后立即插入基质（图1-34）。

图1-34　插穗速蘸（A）生长素（B）后扦插（C）操作示意（沈海龙 摄）

2.3.5　苗期管理

扦插在拱棚内进行，为了保持棚内相对湿度80%左右，每日需进行2次雾喷（图1-35A）。棚内气温不超过30℃，中午温度过高时可以在拱棚（图1-35B）上覆盖遮阴网（图1-35C）降温。扦插后每周喷一次0.3%的多菌灵溶液。

图1-35　扦插后喷灌（A）、拱棚（B）和覆盖遮阴网（C）示意（杨玲 摄）

2.4 组织培养育苗

2.4.1 设施设备

拥有交通方便、环境清洁、空气干燥的实验室——化学实验室、洗涤室、灭菌室、接种室、培养室等；生产所需的生产设备——高压蒸汽灭菌器（图1-36和图1-37）、超净工作台（图1-38）、电子天平（图1-39）、解剖镜（图1-40）、空调、培养架（图1-41A）、加温器、培养瓶（图1-41B）等，以及各类化学试剂；有可供苗木生根培养和移栽驯化的温室或大棚（沈海龙，2005）。

图1-36 半自动高压蒸汽灭菌锅（沈海龙 摄）
（A：立式；B：卧式；C：小型家用）

图1-37 全自动高压蒸汽灭菌锅（A~B：45L；C~D：75L）（杨玲 摄）

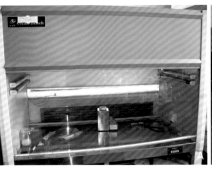

图1-38 双人单面超净工作台（A：正面；B：侧面）（杨玲 摄）

图1-39 电子分析天平（杨玲 摄）

图1-40 实体解剖镜（杨玲 摄）

图1-41 培养架（A）和培养瓶（B）（杨玲 摄）

2.4.2　种源的选取

2.4.2.1　母树观察

选择生长健壮、无病虫危害、无病毒侵染的优良母树，取材前要对母树的主要观赏性状：母树形态、母树高度、枝干颜色、花序大小和颜色、果序大小、果型、果实色泽、结实量、叶片形状和着生情况、叶色变化、果实冬季是否宿存等进行观察，确保保持原有品种特性或有所改良，可作为种源。

2.4.2.2　时间

取材时间应在7月下旬至8月上旬，选择晴朗的天气，避免在阴雨天气取材。

2.4.2.3　取材

取材时选择果实颜色均一、生长健壮、结实量大且无虫害侵袭的果序（图1-42），上树剪取或在树下用枝剪将果序直接剪下即可。取回后应在3d内处理或保存在0～4℃冰箱中2周内处理。

图1-42　7月下旬采集的果实（王爱芝 摄）

2.4.3　培养基的配制

2.4.3.1　母液的配制

（1）基本培养基MS的母液配制

将MS、WPM、MS1/2中所含的化学成分分别按大量元素（NH_4NO_3、KNO_3、$CaCl_2 \cdot 2H_2O$、$MgSO_4 \cdot 7H_2O$、KH_2PO_4）、微量元

素（KI、H_3BO_3、$MnSO_4 \cdot 4H_2O$、$ZnSO_4 \cdot 7H_2O$、$Na_2MoO_4 \cdot 2H_2O$、$CuSO_4 \cdot 5H_2O$、$CoCl_2 \cdot 6H_2O$）、铁盐（$FeSO_4 \cdot 7H_2O$、$Na_2EDTA \cdot 2H_2O$）、有机物（维生素类、肌醇、甘氨酸）等四大类分别用蒸馏水溶解后配制成1:10～20、1:100～1000、1:100、1:100的母液，装入容量瓶后置于4℃冰箱中保存。其中铁盐母液要注意避光保存。培养基MS、WPM、MS1/2的基本成分见表1-6和表1-7。

表1-6　MS和MS1/2培养基配方一览表

成分	汉语名称	化学分子式	浓度（mg/L）	母液扩大倍数	MS用量（L）	MS1/2用量（L）
Ⅰ大量元素	硝酸钾	KNO_3	1650	20×	$V_{总}/20$	$V_{总}/40$
	硝酸铵	NH_4NO_3	1900			
	磷酸二氢钾	KH_2PO_4	440			
	硫酸镁	$MgSO_4 \cdot 7H_2O$	370			
	氯化钙	$CaCl_2 \cdot 2H_2O$	170			
Ⅱ微量元素	碘化钾	KI	0.830	100×	$V_{总}/100$	$V_{总}/200$
	硼酸	H_3BO_3	6.200			
	硫酸锰	$MnSO_4 \cdot 4H_2O$	22.300			
	硫酸锌	$ZnSO_4 \cdot 7H_2O$	8.600			
	钼酸钠	$Na_2MoO_4 \cdot 2H_2O$	0.250			
	硫酸铜	$CuSO_4 \cdot 5H_2O$	0.025			
	氯化钴	$CoCl_2 \cdot 6H_2O$	0.025			
Ⅲ铁盐	乙二胺四乙酸二钠	Na_2-EDTA	37.30	100×	$V_{总}/100$	$V_{总}/200$
	硫酸亚铁	$FeSO_4 \cdot 7H_2O$	27.80			
Ⅳ有机成分	肌醇（环己六醇）	$C_{16}H_{12}O_6 \cdot 2H_2O$	100.0	100×	$V_{总}/100$	$V_{总}/200$
	甘氨酸（氨基乙酸）	$NH_2 \cdot CH_2 \cdot COOH$	2.0			
	盐酸硫胺素（VB_1）	$C_{12}H_{17}ClN_4OS \cdot HCl$	0.1			
	盐酸吡哆醇（VB_6）	$C_8H_{11}O_3N \cdot HCl$	0.5			
	烟酸（VB_3或VPP）	NC_5H_4COOH	0.5			

表1-7 WPM培养基配方一览表

成分	汉语名称	化学分子式	浓度（mg/L）	母液扩大倍数	用量（L）
I 大量元素	硝酸钾	KNO_3	400	20×	$V_量/20$
	氯化钙	$CaCl_2 \cdot 2H_2O$	96		
	硫酸镁	$MgSO_4 \cdot 7H_2O$	370		
	磷酸二氢钾	KH_2PO_4	170		
	硝酸钙	$Ca（NO_3）_2 \cdot 4H_2O$	556		
	硫酸钾	K_2SO_4	990		
II 微量元素	硼酸	H_3BO_3	6.2	100×	$V_量/100$
	硫酸锌	$ZnSO_4 \cdot 7H_2O$	8.6		
	硫酸锰	$MnSO_4 \cdot 4H_2O$	22.3		
	钼酸钠	$Na_2MoO_4 \cdot 2H_2O$	0.25		
	硫酸铜	$CuSO_4 \cdot 5H_2O$	0.25		
III 铁盐	硫酸亚铁	$FeSO_4 \cdot 7H_2O$	27.8	100×	$V_量/100$
	乙二胺四乙酸二钠	Na_2-EDTA	37.3		
IV 有机成分	肌醇（环己六醇）	$C_6H_{12}O_6$	100	100×	$V_量/100$
	甘氨酸（氨基乙酸）	$C_2H_5NO_2$	2.0		
	盐酸硫胺素（VB_1）	$C_{12}H_{17}ClN_4OS \cdot HCl$	1.0		
	烟酸（VB_3或VPP）	$C_6H_5NO_2$	0.5		
	盐酸吡哆醇（VB_6）	$C_8H_9NO_3 \cdot HCl$	0.25		

（2）生长激素的配制

将生产所需的细胞分裂素6-BA（6-苄基腺嘌呤）及生长素NAA（萘乙酸）、IBA（吲哚丁酸）用1mol/L HCl或酒精溶解，再用蒸馏水稀释后分别配制成200mg/L的母液，装入容量瓶中，置于4℃冰箱保存。

2.4.3.2 培养基的配制

（1）配料

按培养基的配方及所需培养基的数量，分别吸取适量的基本培养基的大量元素、微量元素、铁盐、有机物母液及所需的生长激素，加入称量好的蔗糖、琼脂，混合后倒入煮培养基的锅中，并加入少量的蒸馏水。

（2）加热

加热并搅拌至琼脂完全溶解（完全溶解后的培养基为澄清透明液体，质地均匀无任何分层）。

（3）定容

用蒸馏水将培养基定容至所需体积，并用1mol/L NaOH溶液和1mol/L HCl溶液调节pH值为5.6～6.0。

（4）分装

趁热把煮好的培养基分装入培养瓶（φ7cm、h10cm）20～30mL，盖上培养瓶盖。分装时应不断搅拌培养基，并不要把培养基沾附在瓶口。

（5）灭菌

将分装好的培养基放入高压灭菌器内，采用湿热空气灭菌法（灭菌压力0.11～0.14MPa，120～126℃、15～20min）进行灭菌。无菌水和接种工具（手术刀、镊子、垫纸等）也均采用此法灭菌。培养基高压灭菌取出后，放在室温中平面上至培养基凝结后即可使用。培养基在分装后24h内必须灭菌，最好是分装后立即灭菌，以保证营养成分不被细菌破坏。

2.4.4 外植体的获得

（1）初处理

除去果柄，取下果实，挑选饱满健壮的浆果，用自来水冲洗掉表面的灰尘和杂菌，也可先在自来水中加入一滴洗涤剂清洗一遍后再用自来水冲洗干净。

（2）灭菌

在超净工作台上将洗好的浆果先放入75％的乙醇溶液中浸泡30s后，用无菌水洗净，再放入2％次氯酸钠溶液中（此时可加入一滴吐温–20）不断搅拌消毒15～20min后，用无菌水冲洗5～8次。超净工作台里无菌操作物品准备见图1–42。

图1-42　在超净工作台上准备用于无菌操作的物品
（杨玲　摄）

（3）切割及接种

在超净工作台上将已灭菌的浆果置于无菌垫纸上，用事先已灭菌的手术刀切开幼果，用镊子将幼嫩的种子取出，用手术刀切破种子子叶端（较钝的一端）的种皮，后用手术刀片挤出幼胚，用镊子接种于事先准备好的诱导培养基中，每瓶4～5个。幼胚平放在诱导培养基表面即可（图1–43）。在整个材料处理过程中要动作迅速，减少幼胚暴露在空气中的时间，减少因材料褐变而导致诱导的失败。

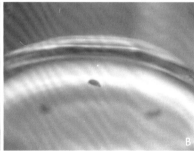

图1-43　超净工作台里切割出幼胚（A）后接种（B）到培养基表面
（杨玲和王爱芝　摄）

2.4.5 诱导培养

2.4.5.1 诱导培养基

MS+0.5~1.0mg/L 6–BA+0.05~0.1mg/L NAA +2%~2.5%蔗糖+0.6%琼脂，pH值为5.6~6.0。花楸不同培养基上丛生芽生长效果见图1–44。

图1-44 不同培养基上的花楸幼胚丛生芽生长情况（王爱芝 摄）

2.4.5.2 培养条件

每天以日光灯照射进行光照培养，每天光照16~18h，光强40~60μmol/（cm²·s），温度25~28℃，湿度70%~80%。此培养条件同样适用于不定芽的增殖、微枝的形成和根的诱导。

2.4.6 继代培养

2.4.6.1 继代培养基

MS+0.5~1.0mg/L 6–BA +0.05~0.1mg/L NAA+2%~2.5%蔗糖+0.6%琼脂，pH值为5.6~6.0。

2.4.6.2 培养条件

同2.4.5.2诱导培养条件。

2.4.6.3 培养方法

只有经检验合格的材料才可以进行继代培养。每20~30d继代增殖一次。为保证种性不受影响，减少变异率，继代次数宜控制在10

代以内，最多不得超过15代。接种时用手术刀将丛生芽以2～3个芽为一个单位分开，每瓶放入3～4块，合计10个芽左右。3～4周后不定芽伸长，形成微枝（没有根的小苗，图1-45）。带有矮小的不定芽的培养物可以经过1～2次继代培养（每隔20～30d转移到新鲜的继代培养基上）实现微枝形成（王爱芝，2004）。

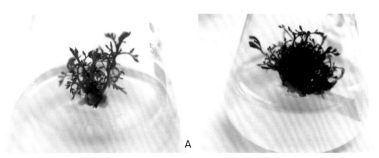

图1-45 茎芽经过伸长后形成的微枝（A～B）（王爱芝 摄）

2.4.7 增殖培养

2.4.7.1 增殖培养基

WPM+0.05～0.1mg/L NAA+0.5～1.0mg/L 6–BA+2％～2.5％蔗糖+0.6％琼脂，pH值为5.6～6.0。

2.4.7.2 培养条件

同2.4.5.2诱导培养条件。

2.4.7.3 培养方法

将继代培养形成的微枝剪切成1～1.5cm长度、带顶芽或腋芽的茎段作为外植体，接种到增殖培养基上，20～30d后芽实现增殖，最大增殖倍数可达6。芽伸长形成微枝的培养过程可以通过1次到2次转移培养实现，即每隔20～30d转移到新鲜的增殖培养基上。经过增殖后每个外植体可以产生10～20个微枝（图1–46）（沈海龙等，2009）。

图1-46　花椒微枝循环增殖培养（梁立东 摄）

2.4.8　生根培养

2.4.8.1　生根培养基

MS1/2+0.1～0.5mg/L NAA或0.1～0.5mg/L IBA+2%～2.5%蔗糖+0.6%琼脂，pH值为5.6～6.0。

2.4.8.2　培养条件

同2.4.5.2诱导培养条件。

2.4.8.3　培养方法

当微枝高达2～3cm、全部微枝达到一定的数量时就必须部分或全部转入生根培养。接种时，将微枝单个切开并大小分级，把全部微枝插入生根培养基中，每瓶7～10株苗。20～30d后，待长出完整的根系后即可出瓶。生根率可达95%以上（图1-47）。

图1-47　生根培养6周后的生根情况（王爱芝 摄）

2.4.9 试管苗的质量标准

2.4.9.1 分级

①Ⅰ级：微枝高≥3cm，微枝粗≥0.3φcm，根长≥3cm，叶片数为4～6。

②Ⅱ级：微枝高≥2cm，微枝粗≥0.2φcm，根长≥2cm，叶片数为2～4。

2.4.9.2 要求

①品种纯正，无污染。

②奇数羽状复叶正常展开，叶色浓绿，组织结实，不徒长。

③根系白、粗，有分叉侧根及根毛。

④变异率在5%以下。

2.4.10 移栽和驯化培养

2.4.10.1 栽培基质

泥炭土和沙子以2∶1体积比混合，拌基质消毒药剂，基质含水量80%。

2.4.10.2 容器规格

直径×高为（5～7cm）×（14～16cm）的塑料小钵，用前用水清洗干净。

2.4.10.3 培养条件

先在暗的驯化室〔温度25～28℃，湿度>80%〕中培养，然后放在温室或大棚中进行培养。大棚内每天约10h光照，太阳光的散射光线较理想，光照强度为80～200μmol/（cm^2·s）。培养温度为10～30℃。

2.4.10.4 驯化方法

生根培养20～30d后，幼根长至1～2cm，打开培养瓶盖在培养室内驯化3～5d后，将根系发达的再生植株小心地从培养瓶中取出，用清水冲洗掉根系上附带的培养基后，将再生植株移栽到栽培基质中，栽培基质事先用竹签插个孔洞，把苗放入，并将根部理顺后轻力压实（注意不能窝根）。每钵1株苗，种植后淋足定根水。在驯化室培养3d以上后，再放在温室或大棚中进行培养。每天以喷洒的方式浇水2次，前20d用凉开水，以后用沉淀3d的自来水。注意保持温室和大棚内良好的通风。移栽后幼苗成活率可达80%以上。每隔7d喷洒700倍百菌清溶液杀菌，以预防病害的发生。培养过程中若发现基质表面有白毛状的斑点，可用1000~1500ppm的强力土壤菌虫净喷施土壤以减轻病害（沈海龙等，2009）。

2.4.11　试管外生根技术

2.4.11.1　生根基质

草炭土：蛭石：珍珠岩以5：4：1的体积比混合，同时拌基质消毒药剂，基质含水量60%~80%。

2.4.11.2　容器规格

生根培养盒为透明的方形盒，具透明的盒盖，长×宽×高为30cm×20cm×10cm。

移栽容器为直径（5~7cm）×高（14~16cm）的塑料小钵。

2.4.11.3　培养条件

先在温度可控的温室或驯化室内培养，室内温度为25~30℃，湿度为60%~80%。每天光照时间为24h，光强40~60μmol/（cm²·s）。后在大棚内培养。大棚内每天约10h光照，太阳光的散射光线较理想，光照强度为80~200μmol/（cm²·s）。培养温度为10~30℃。

2.4.11.4　微枝扦插方法

将试管内培养得到的3cm以上高的微枝从培养物上剪切下来，直接用自来水将微枝基部的培养基冲洗干净，用剪刀将基部剪出新茬口，用镊子将微枝直插入准备好的生根基质（生根基质事先浇足水）中，基质上面露出1~2cm长度，将小苗周围的土压实后再在基质表面和叶面上喷水、盖上培养盒盖培养（图1-48）。每天以喷洒的方式浇水2次，前20d用凉开水，以后用沉淀3d的自来水。每盒内培养100株小苗。1周后用小镊子将盒盖支起1/4以通风和增加光照，2周后将盒盖支起1/2，继续2周后将盒盖完全挪走（图1-48）。微枝在扦插7~10d后可生根，生根率达80%以上。

　　培养20~30d后将生根后植株从培养盒中转移到塑料小钵中（培养基质同原来的生根基质），每钵一株苗，放到温室或大棚中进行培养（图1-48）。注意保持温室和大棚内良好的通风（沈海龙等，2009）。

图1-48　花楸组培苗试管外生根和移栽（杨玲和王爱芝　摄）

2.4.12　苗期管理

2.4.12.1　水肥管理

　　转移到温室或大棚中的初期，每2~3d淋水，移栽后7~10d棚内空气湿度应保持在90%左右（图1-49）。长出新根后，浇水应掌握塑料小钵内基质上干下湿的原则。高温干燥季节应常喷雾降温保湿并适当遮阴，出圃前应适当控水。在抽生2片新叶后可以每周喷叶面肥，如尿素、复合肥、磷酸二氢钾等，浓度宜在0.1%左右。以后可以每隔10d喷施肥一次。

图1-49 移栽到棚内的花楸组培苗（杨玲 摄）

2.4.12.2 灾害防除

移栽后应经常检查新叶的生长情况，结合施肥每隔10d喷施一次波尔多液，对白粉病的防治效果好。注意要短时间通风排气，降低空气湿度，减少真菌病害发生的可能。幼苗患立枯病，可喷0.125%～0.2%的萎病康或用25%多菌灵400～500倍液喷雾防治。每5～7d喷一次，共喷3～5次。若淋水过多、空气湿度大，幼苗易患叶部病害叶枯病，可用代森锌或代森锰锌0.25%的溶液喷雾防治。夏季温度较高时，苗的叶部易受蚜虫危害，可用氧化乐果1000倍液喷雾防治。

2.4.12.3 变异株的剔除

栽培中的花楸试管苗若出现叶片扭曲、植株变矮等不同情况的变异，要及时剔除。

2.5 压条育苗

花楸母树栽植选择地势平坦、土壤疏松、土层深厚、水源条件相对良好的地块，以株行距1m×1m进行栽植。栽植苗木选择2年生合格苗木。整个生长季要及时松土、施肥、除草、灌水和病虫害防治，确保母树正常生长发育。一般母树培育2年后，可以进行压条育苗。

2.5.1 绿枝压条

绿枝压条于6月上中旬将当年基生枝长度60cm以上，基部达到半木质化枝条下部距地面20～25cm高的叶片全部摘除，在枝条距地面1～5cm处用细铁丝横缢以用手触摸不动为好，在横缢处以上10cm内用刀纵刻2～3刀，深至韧皮部，在横缢处以上20cm范围内均匀涂抹吲哚丁酸1000倍液。用湿土或湿木屑培起高25～30cm的围穴，全年保持湿润以利生根，秋季落叶后或来年春季萌芽前起苗。

2.5.2 硬枝压条

硬枝压条于春季萌芽前进行，采用母树前一年生长的萌芽枝，在枝条基部用细铁丝横缢，在横缢处以上10cm内用刀纵刻2～3刀，深至韧皮部，在横缢处以上20cm范围内均匀涂抹吲哚丁酸1000倍液。用湿土或湿木屑培起来，全年保持湿润，待秋季落叶后或来年春季萌芽前起苗。弓形压条于春季萌芽前进行，采用母树前一年生长的萌芽枝，在母树周围挖一条宽深各20cm的沟，将萌芽枝弯向沟内在靠近沟内基部弯曲处环刨1mm或用细铁丝横缢，涂抹吲哚丁酸1000倍液后用钩子将其固定在沟内，用湿土或湿木屑埋起来，全年保持湿润，待秋季落叶后或来年春季萌芽前起苗。

2.6 分株育苗

花楸母树栽植选择地势平坦、土壤疏松、土层深厚、水源条件相对良好的地块，以株行距1m×1m进行栽植。栽植苗木选择2年生合格苗木。整个生长季要及时松土、施肥、除草、灌水和病虫害防治，确保母树正常生长发育。一般母树培育2年后，于5月上旬，在花楸母树根际附近约15cm范围内萌蘖出很多萌芽枝，除草、松土、施肥时要注意保护，避免除掉。每株花楸母树保留10～15个生长健壮的萌芽枝，多余的萌芽枝要及时抹去。同时还要根据实际情况，对保留萌芽枝及时做好松土、施肥、除草、灌水和病虫害防治等工作，保证其正常生长。6月中旬前后，当保留萌芽枝生长到60cm以上时，在花楸母树根际处进行培土，土堆高25cm左右，土壤疏松湿润。若土堆损坏，要及时覆土修复。花楸母树根际萌芽枝20d左右可以生出大量不定根，至秋季时，花楸母树根际萌芽枝高度和地径分别可以达到80cm和0.7cm以上，且木质化程度很好，可以安全越冬。翌年春天土壤解冻后，在苗木周围挖土，至萌芽枝根系全部裸露时，用剪枝剪将生根的萌芽枝与花楸母树断开，实现分株。分株苗按株距30cm进行栽植，整个生长季要及时松土、施肥、除草、灌水和病虫害防治，分株苗翌年春天即可出圃。

3 移植技术

3.1 裸根移植

3.1.1 移植地准备

选择光照充足、土壤通透性好、有灌溉条件、排水良好的平坦地或缓坡地。移植地块应当在移植前一年秋季进行整地。同时，施入腐熟农家肥22500 ~ 37500kg/hm²，土壤耕翻平整，南北向起垄或筑床（图1–50A）。

3.1.2 移植密度和次数

株行距是1m×2m或2m×2m。为培育城市绿化用的大苗，可根据需要进行多次移植。

3.1.3 移植时间

苗木移植春秋两季均可。春季移植，以4月中下旬为宜；秋季移植，以9月下旬至10月中旬为宜。

3.1.4 移植方法和技术

需要移植的苗木应做到随起苗、随分级、随运送、随修剪、随栽植，不立即栽植的苗木做好假植等贮藏工作。在移植过程中，保持根系湿润，切勿暴晒。

在移植前对苗木进行分级。移植前对根系进行适当修剪，剪去过长和劈裂的根系。根系长度应在12～15cm，过长栽植容易窝根，太短也会降低苗木成活率和生长量。作业应在棚内进行，修剪后的苗木应立即栽植或假植在背阴而湿润的地方。

应使用2年生以上换床苗（图1-50B）移植。苗木地径≥0.5cm、根系长度≥10cm、侧根数≥5条、高度30～50cm。穴栽，移植穴直径40cm、深度30cm。栽植前保持根系湿润。1穴1苗，在穴面中央处栽植，根系舒展、根茎部低于地表1cm左右为宜。栽后做好穴盘，灌透水，水渗后在穴盘上覆土。裸根苗应春季或秋季补植（图1-51）。

图1-50　花楸育苗换床（A）和换床苗（B）（梁立东 摄）

图1-51　花楸移植后补植（梁立东 摄）

3.1.5 栽后管理

苗木移植后要连续灌水3~4次（称作"连三水"），中间相隔时间不能太长，且灌水量要大，起到镇压土壤、固定根系的作用。

根据土壤肥力，在生长期追施3次，第一次在萌芽期追施氮肥，施入量为20g/m²尿素，或30g/m²硝铵，或40g/m²硫铵；第二次在坐果后进行，同第一次；第三次是在秋季，施15g/m²重过磷酸钙和钾肥（1：1）。栽植后1~3年，8月初，根据植株生长情况，叶面喷施0.1%~0.2%磷酸二氢钾。根据土壤墒情进行灌溉。下雨天应及时排水。

每年春、夏季根据实际情况进行3~5次修剪。修剪分为休眠期修剪和生长期修剪，休眠期修剪在早春萌芽前进行，称为冬剪；生长期修剪在新梢旺盛生长至秋季落叶之前均可进行，称为夏剪（图1-52）。幼年树修剪主要有冬剪和夏剪。冬剪对栽植1~3年的幼树除掉过密、过弱枝及病残枝；夏剪对栽植1~3年的树体进行抹芽，除萌蘖，修剪冠形。根据不同培育目的，对幼树进行修剪。树体独干，对主干发出的幼芽幼枝进行修剪；树体多主干，在幼树时结合抹芽，确定3~4个主干。成年树修剪主要疏除树冠各处细弱枝、病枝、枯枝、交叉枝。花楸移植后培育的大苗见图1-53。

图1-52 花楸移植后苗木夏季修剪（梁立东 摄）

图1-53　花楸大苗移栽和培育（梁立东　摄）

3.2　带土坨移植

3.2.1　移植前准备

选择土层厚大于30cm、光照充足、灌排良好、土壤透气性良好的平坦地或缓坡地。秋整地，深耕耙平（图1-54）。

图1-54　栽植地平整清理（A）和施肥（B）（梁立东　摄）

3.2.2　移植时间

春秋两季均可进行移植（图1-55）。一般春季为4月中下旬，土壤解冻30cm左右进行；秋季为9月下旬至10月中旬，土壤封冻前进行。

图1-55 春（A）秋（B）两季的花楸大苗（梁立东 摄）

3.2.3 起苗方法

选取苗木时，要按照设计均匀地选取，要求所选苗木树冠完整，主干通直，苗木高度基本一致（图1-56A）。挖掘工具主要选用铁锹和镐，刨取以苗木为中心，直径20~30cm，土坨高25~30cm（图1-56B~D）。苗木先挖后刨，然后用草帘或塑料包装，再用草绳捆紧，挖掘和包装过程中严禁出现散坨，否则影响成活率。

图1-56 花楸带土坨移植起苗方法（梁立东 摄）
（A：选取苗木主干通直、高度一致的苗木；B-C：用锹和镐刨取苗木；D：土坨直径20~30cm，高25~30cm）

3.2.4　吊装和运输

苗木土坨要用绳子捆扎结实，将土坨和苗木捆成一个整体，防止苗木与土坨之间出现脱离、松动等现象（图1-57）。苗木应立即栽植或假植在背阴而湿润的地方（图1-58A）。装车不宜过高过重，压得不要太紧，以免压伤苗木枝和根；树梢不准拖地，必要时使用绳子围拴吊拢起来，绳子与苗木接触部分，要用草袋垫好，以防伤损苗木皮（图1-58B）。车厢上应铺垫草袋等物品，以免擦伤苗木皮、碰坏苗木根。在对苗木进行运输时，尽可能避免人为或机械损伤树皮，以免引起苗木失水而造成树皮变色干枯并蔓延，从而引起苗木死亡。

图1-57　带土坨的花楸苗木包装操作（A~B）（梁立东　摄）

图1-58　花楸苗木假植（A）和装车运输（B）（梁立东　摄）

3.2.5　栽植技术

栽植穴的穴径和深度均大于苗木土坨15cm，以利于穴底垫土和填土。苗木入穴前解除包装，栽植时土坨面低于地面5～10cm，填土踏实后浇水一次，水量充足。栽植时避免苗木向一侧倾斜。

图1-59　花楸带土坨苗木移植（梁立东 摄）
（A：挖穴；B：苗木入穴；C：栽植；D-F：栽植后苗木）

3.2.6　栽后管理

栽植后7天左右进行补土，弥缝、踏实和浇水各1次，可以防止干旱，确保成活。夏季松土除草各1次，以苗木为中心10cm范围内杂草人工拔掉，10cm范围外可用锄头除掉，深度要求里浅外深，深度为3～7cm。花楸移植苗见图1-60。

图1-60　花楸移植苗（梁立东 摄）

3.3　容器苗移植

3.3.1　移植地准备

选择地势平坦、通风良好、光照充足、排水方便的地块。苗床宽1m，长依照地形和排水情况而定，一般为20m左右，床面高15cm左右，床间步道宽30cm。

3.3.2　容器的种类及规格

育苗容器可以用轻薄的、可降解的带有网孔的无纺布构成，通过容器制作机制成圆筒状，直径一般在3.5～6.0cm。容器具有良好的通透性。苗木根系可以自由生长不被导向，能够彻底解决容器苗根系畸形问题。空气切根不仅有利于育苗操作，而且由于裸露在空气中的根尖生长受抑制，有利于促使须侧根的大量生长和发育。

3.3.3　基质配制

基质主要由重量较轻且透气性较好的草炭土、河沙材料组成，按照3∶1的比例混合，再加入腐熟有机肥2kg/m³，如果没有有机肥，可用化肥作为底肥（一般用二铵）。基质重量轻，疏松透气，不易板结，有良好的固相、液相、气相结构，富含有机质和腐殖质，不会积水但又能保水保肥，能够促进根系生长。将已装基质的营养杯灌透底水后，在移植前一周采用代森锌消毒，方法见商品标鉴说明，准备移植。

3.3.4　移植技术

将花楸苗移栽到育苗容器内，深度为2.5cm，填土压实。栽后采用渗灌法浇水，即将育苗容器放到浅水池中，水从育苗容器底部开始慢慢向上渗透，直至渗透整个育苗容器。

3.3.5　栽后管理

浇水。随着苗木的生长，浇水量可以适当减少。由于容器储水量较少，一般每天要浇水1～3次，视具体情况而定。

施肥。栽后2～3周喷施1次含磷较高的复合肥，浓度为0.1%～0.125%，以促进苗木生长。苗木速生期，喷施1次含氮量较高的全溶性复合肥，喷施浓度控制在1.5%左右。

病虫害防治。每隔1～2周交替喷洒多菌灵0.125%～0.2%浓度药液和氧化乐果0.1%～0.125%浓度药液，喷后洗苗，防止药害（图1-61）。

图1-61　花楸容器苗移植后栽培（梁立东 摄）

4 修剪技术

4.1 苗木造型种类

从栽植到出圃，不论是生长季节还是休眠期，都要按照单干形选留中心干。若有畸形或无法选留中心干的，栽植后的第二年早春，可平茬，萌芽后重新选留中心干。树干基部的萌蘖枝要及时清理，中心干上的分枝也要及时从基部疏除。当主干达到2m高以后，要培育树冠，及时疏除竞争枝、过密枝和交叉枝，做到抑强扶弱，培育理想的树冠。

4.2 修剪方法

花楸是顶端优势强的树种，主干有自然直立的特性。其顶端优势是由于顶端分生组织的作用，控制了一级侧枝的生长。整形修枝是为了减去影响顶部主梢生长的竞争侧枝，保证树干通直无杈。随着树高生长还要修去树冠下部和中部的竞争枝，直到树干通直无杈。主干弯曲是由于弯曲的部位过去或现在生长着竞争枝和粗大枝，它们与顶部的主梢竞争，将顶部的主梢挤偏，形成弯曲的主干。如果第1年末或第2至第4年及时整形，修去顶部和主部与主干竞争的侧枝，就能保证树干通直和圆满。

4.3 修剪季节

修枝可在秋冬生长停止时进行，也可在春、夏季进行。冬季是整形修枝最好时机，此时树叶已脱落，枝条清晰可见，便于操作。修剪萌生枝条宜在夏季，防止萌生枝条再生。

4.4 修剪步骤

修剪应贴近树干，不留茬。使用的工具锐利，伤口应平滑，不得撕伤树皮。树干上侧枝着生处的直径达10cm时，即应修去侧枝，称此为"固定直径的修枝"。根据树干直径由下向上修枝，直到树冠位置。因此，可根据树干的直径决定是否修枝。修枝的高度大致如下：1~3年少量整形修枝；4~5年修枝到树高1/3处；6年以后，可修枝到树高1/2~2/3处。修枝以后，下部主干上还可能再长出萌生枝条，有时是由于修枝的刺激在原处生长出的。这些萌生枝条应及早剪去。

5 管护技术

5.1 施肥

花楸喜肥，在移栽时可施基肥。施基肥就是在育苗基质中施入充分腐熟的农家肥。优质农家肥能增加土壤有机质的含量，改变土壤理化结构和质地，使土壤疏松肥沃，可以起到促进苗木整齐一致、生长量增加的特殊作用。施用时还可以在农家肥中少量混拌氮、磷、钾比例为2∶1∶1的复混肥料。一般施肥量为5000～10000kg/hm²。可诱导根系向下生长，增强花楸苗木的抗性。栽培过程中，在生长季可对花楸进行追肥。追肥可以分为根部追肥和喷施叶面肥两种方法。可以及时补充苗木在生长发育旺期对养分的需求，促进苗木的快速生长。根部追肥就是在每株树苗的树冠投影内挖25cm深的施肥穴，在穴内施入氮、磷、钾比例为2∶1∶1的复混肥料75～140kg/hm²，然后盖上土，浇一次透水。喷施叶面肥就是在苗木叶面喷施浓度为0.3%的磷酸二氢钾水溶液。最好选择早、晚或阴天等空气湿度大时进行喷施。一般在苗木生长前期需氮肥较多，待后期花芽、果实形成期需磷钾肥较多。所以追肥一般从5月末开始至6月末结束，过晚容易造成"贪青"（二次生长）。磷钾肥可在8月末施用，以加强苗木的木质化程度。

5.2 灌水

花楸喜欢湿润的土壤，根系发达，但在土层中分布较浅，因此要使土壤保持湿润，在生长季节和果实成熟期间要定期灌溉。原则是适时适量、浇匀浇透，还要注意间歇，以便通气和恢复土温。浇水时小苗可以少量多次，大苗可以多量少次，气温干燥、土壤干旱时可以多量多次。为了保水和避免土壤板结形成硬壳，浇水后要适时中耕。

5.3 除草

为了花楸苗木的正常生长，不让杂草跟苗木争夺光照和营养，保证通风，生长季节至少应除草2～3次。小苗除草应本着除早、除小、除了的原则，用锄头仔细地把苗根附近的杂草铲除。注意不要碰断树枝，刮破树皮。除草要和松土结合起来。大苗除草为了减少人力、节省开支，可以用镰刀贴地面割，割下来的杂草直接平铺在地面上，也可以用人工和除草剂相结合的办法除草。

5.4　病虫害防治

经多年的栽培观察，花楸抗性较强，没有严重的病虫危害。现在仅发现有少量白粉病、白绢病、叶斑病和蚜虫、刺蛾、叶螨等食叶害虫。白粉病可用15%粉锈宁1000倍液，每隔5~20d施药一次；白绢病可用50%多菌灵可湿性粉剂500倍液，每隔5~10d施药一次；叶斑病可用50%甲基托布津1000倍液，每隔7~10d施药一次；蚜虫可用1%氧化乐果药液喷施；刺蛾可以用2.5%氯氰菊酯800~1000倍液，每隔5d喷洒一次；叶螨可以用1.2%苦烟乳油800~1000倍液，每隔5d喷洒一次（宋兴蕾，2016）。

6　苗木质量

花楸不同苗龄形态指标见表1-8和图1-62。花楸1年生播种苗苗高可达20cm，地径达0.65cm。2年生苗高可达70cm以上，地径接近1cm。5年生苗胸径可达1.78cm，苗高可达2m以上。6年生时苗高接近3m，胸径接近3cm。绿化大苗根据市场需求在不同年龄均可出圃。

表1-8　花楸1~6年生苗木的树高地径

样本	样本数量（株）	生物学性状		
		树高（cm）	地径（cm）	胸径（cm）
1年生苗木	30	20.61	0.65	
2年生苗木	30	71.35	0.94	
3年生苗木	30	103.45	1.48	
4年生苗木	30	127.08	2.12	
5年生苗木	30	216.92	2.52	1.78
6年生苗木	30	291.84	3.14	2.63

图1-62　3年生（A）和6年生（B）花楸绿化大苗（杨玲和梁立东 摄）

7 苗木出圃

　　容器苗可以周年出圃。出圃前苗木调查。采用数理统计抽样法，对所有苗木，包括出圃苗和留圃苗进行调查。调查内容包括苗高、地径、根系、产苗量四个主要指标。

　　园林绿化用苗出圃年龄根据市场需要。以秋季起苗为宜，起苗时防止损伤苗根和顶芽。

　　起苗要达到一定深度，保持根系比较完整和不折断苗干。

　　苗木掘出后，立即进行分级、假植，减少苗木暴露时间。苗木分级分为Ⅰ、Ⅱ级和小苗、废苗（表1-9）。小苗可继续移植培育，废苗必须销毁。苗木分级同时，统计各级苗木的数量和苗木总产量。

表1-9　苗木出圃分级标准

分级	树高（cm）	地径（cm）	根系数量（条）	根系长度大于5cm的条数	综合情况
Ⅰ级	>60	>0.7	>10	>9	生长良好，无机械损伤
Ⅱ级	40~60	0.3~0.7	5~10	4~8	生长良好，无损伤或者轻微损伤
小苗	<40	<0.3	<5	<4	生长幼小，无严重损伤
废苗	病虫害严重、损伤严重、生命力低下等				

出圃的苗木应包装。小苗包装时苗根向内，捆好的苗木应标明树种、苗龄、等级、数量。包装后及时运输。长途运输时，应注意浇水或苗根沾浆。

秋掘越冬的苗木应妥善保管。可以实行窖藏假植或露天假植。窖藏假植窖内温度保持0℃以下，空气湿度应大于70%。露天假植应选择排水良好、土质疏松的地块；假植时应做到稀摆、深埋、培土、踏实、灌水；假植时应注意防鼠、防虫、防捂根；假植时应分区、记清数量，在封冻前结束。

8 应用条件和注意事项

8.1 应用条件

花楸是我国北方珍贵的观叶、观花、观果、观形俱佳的优良树种。花楸不仅具有很高的观赏价值，同时也是适宜食用、药用、材用和饲用的经济树种。

观赏应用条件：花楸是中等喜光耐阴树种，在全光条件下生长良好。其抗污染、抗病虫能力强，可作为城市街道、庭院、花坛广场绿化树种。

材用条件：木材心材棕褐色，边材黄白色，纹理直而美丽，质硬有光泽，可做小型工艺材和家具材。

药食饲用条件：果可酿酒、入药，有止咳化痰、补脾生津、健肺等功效。果可食，尤其在霜后富含胡萝卜素，营养价值很高。

8.2 主要注意事项

花楸园林应用价值极高，目前在园林绿化中尚未规模化应用。花楸苗木培育中存在的问题主要表现在：

①品种比较单一，良种化水平不高，造成部分苗木质量和观赏价值不高；

②苗木培育管理粗放，没有实行定向培育，苗木生长速度慢；

③小型苗木培育发展迅速，经营人员技术水平相对偏低，苗木质

量不高，效益不高；

④野生花楸资源遭到严重破坏，种子来源有逐渐枯竭的危险。

针对以上存在的问题，要加强花楸资源培育与市场需求之间的联系。将资源培育基地和农户的生产经营连成一体，形成经济利益共同体，将苗木培育、流通等环节连接起来，形成一条龙经营，提高农民的经济效益。加强花楸的定向培育和集约经营。由粗放经营向集约经营转变，提高科研成果的转化，加强科学经营管理，注重苗木的质量、效益和可持续发展。加速花楸苗木培育产业化技术服务体系的建立。

花楸苗木的培育经营应以市场为导向，以资源开发为基础，以经济效益为中心，实行资源培育和苗木销售一体化经营。为此，在花楸苗木培育和开发利用过程中应遵循以下原则：

第一，产学研结合的原则。发展花楸苗木培育，可以提高土地利用效率、资源产出率、劳动生产率和产品商品化，提高经营中的科技含量，注重产学研的紧密结合。

第二，经济利益、生态和社会利益并重的原则。发展花楸产业化，不仅带来显著的经济效益，同时也将取得显著的生态效益和社会效益。

第三，资源可持续利用和产业可持续发展的原则。在经营过程中要注重有利于资源恢复的复合经营，注重保护野生花楸资源和珍稀的花楸种质资源，以保证花楸资源的可持续利用。从实际出发，循序渐进，坚持花楸资源的可持续经营，以保证花楸产业稳定、健康地发展和不断自我持久发展的能力。

PART 2

1 苗圃名称

黑河市林业中心苗圃。

2 苗圃概况

黑河市林业中心苗圃有限责任公司于2000年成立，位于爱辉区西岗子镇中俄林业科技园区内。该苗圃现有职工27人，生产季节根据需要雇用临时工人。主要经营范围是培育销售苗木、花卉、草坪、果树及林业科技信息服务，为黑河生态建设、城市美化绿化、林业产业发展提供优质苗木。

面积986亩，划分为种苗繁育区、品种展示区和科研试验区，苗圃利用科技园区提供的科研实验室、组培室、苗木窖、塑料大棚、温室、晒水池、喷灌设备、四轮拖拉机、水车、犁耙等设施设备进行苗木生产活动，年繁育苗木可达1000万株。

苗圃坚持走引种、试验、繁育、推广技术路线，不断吸收国内外先进智力成果，走自主创新的道路。通过使用林木良种育苗，利用无性繁殖、轻型基质、容器育苗和大棚育苗等先进技术培育良种苗木，黑河市林业中心苗圃为黑河乃至全国生态建设和林业产业发展服务。

3 苗圃的育苗特色

黑河市林业中心苗圃坚持"科研合作、成果转化、繁育推广、科普示范、产业发展"的思路，推动林业科技创新与发展。目前是国内规模最大、基础设施最完备、技术力量最雄厚的专业化对俄林木种苗繁育苗圃。现已成功引进俄罗斯优良用材、经济和绿化树种75个、品种343个、苗木近百万株，形成引种驯化、科研试验、种苗繁育、栽培示范和大苗培育等五个功能区，年繁育优质苗木1000万株。苗圃以专业化、规模化、精细化，践行自己的高品质战略，与世界尖端林业技术接轨，率先引进组培快繁技术进行种苗繁育，注重新品种自主研发，应用控根容器栽培苗木，并利用"黑龙江·黑河中俄林业生态建设学术论坛"平台，与东北林业大学、东北农业大学、北京林业大学、俄罗斯莫斯科国立林业大学、俄联邦科学院西伯利亚分院西伯利亚中心植物园、克拉斯诺亚尔斯克苏卡侨夫林科所、利萨文科果树浆果栽培研究所等中俄多家高等农林院校、科研院所建立长期战略合作伙伴关系，致力于技术成果的快速转化。

　　苗圃通过不断深化中俄林业科技合作，发展良好，受到社会各界好评和赞誉，先后被评为"国家引进国外智力成果示范推广基地""国家农业科技园区""国家林木种质资源保存库"等殊荣。苗圃目前已繁育优良种苗3000万株，推广面积2万亩，为黑河生态建设和产业发展起到积极作用。未来苗圃将以"建设中俄林业科技合作基地、高纬寒地生态林树种繁育基地、高纬寒地小浆果树种示范基地、生态文明教育基地、林业产业孵化基地等五个基地，打造一个花园"的发展新思路，积极探索科学发展新模式，走出一条科技引领现代林业发展的希望之路。

4　苗圃在花楸育苗方面的优势

　　苗圃自1997年从俄罗斯西伯利亚地区引进欧洲花楸、西伯利亚花楸、阿尔泰花楸、阿穆尔花楸等树种及品种。这些树种及品种是世界著名观赏树木，具有树干端直、树型优美、羽状复叶、秋天叶色变为黄色至紫红色、花色艳丽、果实鲜红色等特点，适合我国高纬度寒冷地区城市绿化应用。因此，开展花楸引种、繁育和栽培等一系列的试验研究，通过十多年适应性、适应范围、最佳繁殖和造林条件等项试验，从引进的西伯利亚花楸变异株中选育出了1个新品种，并于2012年11月首次通过黑龙江省林木品种审定委员会审定，命名为冬红花楸（*Sordus sibirica* 'Dong Hong'），现已成为高纬度寒冷地区观赏绿化主栽品种。形成的《冬红花楸育苗技术规程》《冬红花楸栽培技术规程》获批为省级地方标准。截至2020年，有9年生大苗1000余株，实现年培育苗木100万株。累积繁育优良种苗470万株，在建华林场、古东河林场和西岗子林场完成基地栽植培育面积550公顷。这些为花楸推广应用提供了广阔的前景。

附录1 黑河市林业中心苗圃花楸良种介绍

良种名称：冬红花楸（*Sordus sibirica* 'Dong Hong'）

良种编号：黑S-ETS-SSDH-038-2012

品种或良种特性：冬红花楸植株生长快，6年生苗高可达2.91m，树体丰满、树形美观，花期长，果实大而艳丽，百粒重可达53.76g，单株产量高、挂果时间长，叶片秋季变红，果实变为红色或橘红色，经冬不落，落雪后十分壮观，该树种抗逆性强，是优良的城市观赏绿化树种。

附录2 黑河市林业中心苗圃花楸主要栽培品种介绍

1 西伯利亚花楸

西伯利亚花楸（*Sorbus sibirica* Hedl.），落叶小乔木，树高3~10m。叶为奇数羽状复叶，长10~20cm，宽8~12cm，长圆形披针形叶片，数量5~10，长3~6cm，宽最多2cm，带锯齿齿状边缘。叶片上面是亮绿色，光滑，下面是灰绿色，可延伸到中脉。复伞房花序，多花密集，花白色5瓣，直径7~10mm，花序宽约10cm。果实为红色或橙色，果实球形，直径约1cm，内部最多容纳7粒种子。果实在9月份成熟，冬季宿存。冬红花楸是从西伯利亚花楸选育出的林木良种。

西伯利亚花楸面积约有90亩，繁育数量在60万株左右，其中1年生苗木数量在20万株左右，2年生以上苗木数量在40万株左右。西伯利亚花楸主要采用播种育苗，具体育苗技术同冬红花楸育苗技术规程（DB/T 1677–2015）。

2 阿穆尔花楸

阿穆尔花楸（*Sorbus amurensis* Koehne），落叶小乔木，树高4~15m，树干直径10~15cm。树皮枝条灰色，深色水平皮孔。叶为奇数羽状复叶，长达21cm，宽7~10cm，长圆形披针形叶片，数量11~15，长达5cm，宽最多2cm，带锯齿齿状边缘。复伞房花序，花序直径15cm，小花数量50～90。花白色5瓣，直径1cm，花期5～6月。果实橙色或红色，呈球形，直径为7～8mm。果熟期9～10月，冬季宿存。

阿穆尔花楸面积约有30亩，繁育数量在20万株左右，其中1年生苗木数量在10万株左右，2年生以上苗木数量在10万株左右。阿穆尔花楸主要采用播种育苗，具体育苗技术同冬红花楸育苗技术规程（DB/T 1677–2015）。

3 阿尔泰花楸

阿尔泰花楸（*Sorbus aucuparia* subsp. *sibirica* Hedl.），落叶小乔木，树高5～12m。树冠圆形，宽度超过5.5m。树皮光滑，浅灰色、棕色或黄灰色。幼枝灰红色，短柔毛。裸芽是圆锥形，红褐色，长达18mm，厚5mm。叶为奇数羽状复叶，由7～15个几乎无柄的披针形或沿边缘的细长尖的锯齿状叶片组成，叶长达20cm，叶底全缘，顶部具锯齿，叶面上部绿色，无光泽，短柔毛。复伞房花序，直径不超过10cm；花序位于短枝的末端。花白色5瓣，直径0.8～1.5cm，花期5～6月。果实橙红色，呈球形，直径约1cm。果实于8月下旬至9月成熟，冬季宿存。

阿尔泰花楸的育苗规模和数量同阿穆尔花楸。

附录3 黑河市林业中心苗圃及其栽培的花楸

黑河市林业中心苗圃

花楸播种苗（夏季）

花楸播种苗（秋季）

花楸移植苗（秋季）

花楸移植苗（秋季）

花楸移植苗（秋季）

花楸移植苗（秋季）

花楸组培苗

第3部分

育苗专家

PART 3

1 杨玲

（1）联系方式

杨玲教授，东北林业大学

联系方式：0451-82191509（办）；yangl-cf@nefu.edu.cn

（2）学习工作经历

学习经历：

2003.09～2007.06，东北林业大学，森林生物工程，农学博士

2000.09～2003.06，哈尔滨师范大学，植物学，理学硕士

1996.09～2000.06，哈尔滨师范大学，生物教育，理学学士

工作经历：

2018.01～至今，东北林业大学，林学院，教授

2015.02～2016.02，莫斯科国立罗门诺索夫大学，生物系，访问学者

2010.02～2013.12，东北林业大学，博士后

2009.09～2017.12，东北林业大学，林学院，副教授

2006.07～2009.08，东北林业大学，林学院，讲师

2003.06～2006.06，东北林业大学，林学院，助教

（3）在苗木培育方面的成就

历时16年在国家自然科学基金面上项目"一氧化氮依赖浓度调控花楸胚胎休眠与萌发的作用机制研究"（32071757）、国家"十五"科技攻关项目"林业生态工程构建技术研究与示范"（2004BA510B08）、国家"十一五"科技支撑项目"天然林保育恢复与可持续经营技术研究"（2006BAD03A04）、黑龙江省科技攻关项目"黑龙江省主要珍贵树种保存与造林及绿化树种选育技术的研究"（GB02B103）、黑龙江省自然科学基金面上项目"外源NO影响花楸树胚胎萌发的生理机制研究（C201407）"、林业标

准制修订项目（2008-LY-166）"花楸育苗技术规程"（2008.06-2009.12）、哈尔滨市科技攻关项目"花楸产业化微繁技术体系研究"（2003AA6CN094）、东北林业大学青年科研基金项目"花楸体胚发生路径的研究"（2005-2007）的资助下，在对花楸播种育苗技术、组织培养技术深入研究的基础上，对大量有关文献进行了系统收集和整理，以自己的研究成果为主线，用翔实的实验证据对花楸播种育苗技术、组织培养技术等进行了持续、系统的阐述。

对花楸播种育苗技术和种子生物学的研究包括了种子休眠原因、休眠与萌发影响因素、解除种子休眠的催芽处理技术和苗木培育技术的研究。其中硝酸钾（KNO_3）促进花楸种子萌发的方法，由于具有操作简单、效果明显等适合生产实践要求的特点，获得了国家发明专利权（ZL 2005 10127301.1；2007年2月28日），在东北地区的3个苗圃和实验林场进行试点应用，取得了良好的效益。在上述基础上，进一步发现外源NO可以解除花楸胚休眠。NO信号依靠乙烯的生物合成打破花楸胚胎休眠，该信号通路与ROS的积累和抗氧化防御反应密切相关。在解除花楸胚胎休眠的过程中，乙烯作为活性氧信号的下游。ROS可能是乙烯途径中NO的中间调节剂。该研究成果不仅是对种子生理学理论研究的丰富和加强，而且为生产中林木休眠种子催芽处理技术的精准化和实用化提供了理论支撑。同时，还可为在基因水平上阐述含氮化合物促进植物种子休眠与萌发分子机制奠定研究基础。

对花楸组织培养离体扩繁技术和调控机理的研究包括了花楸成熟合子胚体细胞胚胎发生技术、花楸未成熟合子胚的体细胞胚胎发生技术、渗透调节对花楸体细胞胚胎发生的影响、外植体来源对花楸体细胞胚胎发生的影响、环境条件和培养方法对花楸体细胞胚胎增殖的影响、花楸体细胞胚胎成熟的培养方法、花楸体细胞胚胎萌发以及再生植株移栽驯化的方法、花楸次生体细胞胚胎诱导与胚性保持方法、花楸体细胞胚胎的细胞起源以及形态发育过程、花楸体细胞胚胎发生发育过程中物质代谢和抗氧化酶活性变化分析。该研究成果不仅可用于花楸树优良植株的扩大繁殖和种质资源保护，且可促进通过基因操作和原生质体融合进行的树木遗传改良工作的发展，具有显著的经济、社会和生态环境效益。

（4）与苗木培育有关的出版著作、发表文章、专利、新品种权等名录

在花楸育苗技术和原理方面的成果举例。

一作及通讯作者文章：

■ Wang H, Tang SR, Wang JN, Shen HL*, Yang L*. Interaction between reactive oxygen species and hormones during the breaking of embryo dormancy in *Sorbus pohuashanensis* by exogenous nitric oxide. J. For. Res. (2021). https://doi.org/10.1007/s11676-021-01330-y.

■ Yang L, et al. 2018. Effects of a nitric oxide donor and nitric oxide scavengers on *Sorbus pohuashanensis* embryo germination. J For Res 29(3)：631-638.

■ Bian L, Yang L*, et al. 2013. Effects of KNO_3 pretrement and temperature on seed germination of *Sorbus pohuashanensis*. J For Res 24(2)：309-316.

■ Yang L, et al. 2012. Cyclic secondary somatic embryogenesis and efficient plant regeneration in mountain ash (*Sorbus pohuashanensis*). Plant Cell Tiss Org Cult. 111：173-182.

■ Yang L, et al. 2012. Somatic embryogenesis and plant regeneration from immature zygotic embryo cultures of mountain ash (*Sorbus pohuashanensis*). Plant Cell Tiss Org Cult. 109 (3)：547-556.

■ Yang L, et al. 2012. Factors influencing seed germination of *Sorbus pohuashanensis* Hedl. Advanced Materials Research Vols. 393-395：758-761.

■ Yang L, et al.2012. Fruit and seed development of *Sorbus pohuashanensis* Hedl. Advanced Materials Research Vols. 393-395：772-775.

■ Yang L, et al. 2011. Plant regeneration in *Sorbus. Pohuashanenesis* Hedl by somatic embryogenesis. Advanced

Materials Research Vols. 183–185: 1462–1466.

■ Yang L, et al. 2011. Effect of electrostatic field on seed germination and seedling growth of *Sorbus pohuashanensis*. J. For. Res. 22(1): 27–34.

■ 张冬严，魏骋，刘虹男，杨玲*. 2018. 乙烯利和SNP对花楸树胚胎休眠解除的影响. 种子，37（1）：14–17.

■ 杨玲，等. 2013. 外源NO对花楸树胚胎萌发和幼苗发育初期活性氧积累的影响. 林业科学，49（6）：60–67.

■ 杨玲，等. 2011. 花楸树体细胞胚与合子胚的发生发育. 林业科学，47（10）：63–69.

■ 杨玲，等. 2010. 花楸合子胚诱导体细胞胚胎发生研究. 植物研究，30（2）：174–179.

■ 杨玲，等. 2009. 外源激素与发芽温度对花楸树种子萌发的影响. 植物生理学通讯，45（6）：555–560.

■ 杨玲，等. 2009. 不同产区野生花楸果实和种子的表型多样性. 东北林业大学学报，37（2）：8–10.

■ 杨玲，等. 2008. 人工干燥和冷层积过程中的花楸树种子中内源激素含量变化. 植物生理学通讯，44（4）：682–688.

■ 杨玲，等. 2008. 低温层积时间和发芽温度对花楸种子萌发的影响. 种子，27（10）：20–22.

代表性著作情况：

■ 杨玲，沈海龙. 2017. 花楸组织培养技术. 北京：科学出版社.

■ 杨玲. 2008. 花楸种子生物学研究. 哈尔滨：东北林业大学出版社.

发明专利及成果转化情况：

■ 专利名称：提高花楸种子发芽率的工艺方法. 国家发明专利（ZI200510127301.1），2007年授权，第2发明人。

■ 成果简介：本发明可解决花楸种子发芽率低、发芽不齐（发芽势低）等问题，不仅可提高花楸种子的发芽率，增加花楸种子的发芽整齐度，而且生产成本低、操作方便，易推广，有助于提高花楸幼苗对病虫侵害的抵抗能力，同时还能够增加土壤的肥力，非常适合生产实践上应用。已在东北多地推广使用，大大提高了花楸育苗技术水平。

科技奖励情况：

■ 获奖项目：花楸等东北特用经济树种繁殖生物学与技术。奖励名称：梁希林业科学技术奖科技进步奖。等级：三等奖；2019年（排名第1）。

■ 获奖项目：花楸东北刺人参和风箱果有性繁殖机理和技术研究；奖励名称：黑龙江省科学技术进步奖。等级：二等奖；2009年（排名第3）。

■ 获奖项目：花楸东北刺人参和风箱果有性繁殖机理和技术研究；奖励名称：黑龙江省高校科学技术奖。等级：二等奖；2009年（排名第3）。

2 梁立东 ✒

（1）联系方式

研究员级高级工程师，黑河市林业科学院
联系方式：0456-8248636（办）；lld_lld@126.com

（2）学习工作经历

学习经历：
2006.09~2009.06，东北林业大学，森林培育，农学硕士
2002.09~2006.06，东北林业大学，生物科学，理学学士

工作经历：
2021.09至今，黑河市林业科学院，研究室，研究员级高级工程师
2016.09~2021.08，黑河市林业科学院，研究室，高级工程师
2011.09~2016.08，黑河市林业科学院，研究室，工程师
2009.07~2011.08，黑河市林业科学院，研究室，助理工程师

（3）在苗木培育方面的成就

在黑龙江省林业厅科学技术项目"高寒地区经济及观赏树种引种栽培试验研究""新西伯利亚花楸、腺叶稠李引种繁育研究""俄罗斯小浆果种质资源引进与保存""几种阔叶观赏树种引种的研究"的资助下，开展了10多年花楸树种及品种引种工作，以自己生产实践为主线，在异地适应性、适应范围、最佳繁殖和栽培条件的深入研究基础上，进行了持续、系统的花楸选育、播种育苗、栽培等技术研究与生产应用。

对花楸引种选育工作主要是从俄罗斯引进花楸树种及品种开展，通过10余年的形态特征、物候期、生长情况、结实情况、果实性状和果实成分等方面综合观测及对照试验，选育出了1个林木良种，并于2012年通过黑龙江省林木品种审定委员会审定，命名为冬红花楸（*Sordus sibirica* 'Dong Hong'），现已成为高纬度寒冷地区主栽品种。

对花楸播种育苗工作主要是研究了花楸种子在不同贮藏方式、贮藏时间下萌发特性的变化。通过研究已经明确冷冻干藏、低温干藏是花楸种子最佳贮藏方式（贮藏1年种子发芽率保持在30％以上），适宜贮藏时间的花楸种子可以得到较高发芽率（最佳贮藏时间为45～150天）。同时结合花楸育苗生产实践，总结了花楸育苗过程中环境要求、苗圃建立、土壤管理、播种方法、苗期管理等技术要求，形成的《冬红花楸育苗技术规程》（DB/T 1677–2015），获批为黑龙江省地方标准，为花楸育苗生产中提供了可靠实用化操作技术。

对花楸进行大面积推广种植，建立黑河市西岗子实验林场、黑河市古东河林场和黑河市建华林场花楸栽植示范基地，同时结合花楸栽培生产实践，总结了花楸栽培过程中环境要求、选地整地、栽植方法、栽后管理、大苗起运、果实采收贮藏等技术要求，形成的《冬红花楸栽培技术规程》（DB/T 1638–2015），获批为黑龙江省地方标准，为花楸栽培生产中提供了可靠实用化操作技术。以上对花楸研究与生产应用工作不仅可以丰富高纬度寒冷地区的花楸品种，同时，对带动花楸种植业、加工业的发展，促进高纬度寒冷地区花楸产业发展具有巨大的推动作用。

（4）与苗木培育有关的出版著作、发表文章、专利、新品种权等名录

发表文章情况：

■ 梁立东，等. 2020. 西伯利亚花楸种子不同处理对萌发特性的影响. 林业科技，45(06)：1-3.

■ 梁立东（第2作者），等. 2015. 西伯利亚花楸嫩枝扦插技术研究. 林业科技，40(01)：20-21.

林木良种选育情况：

■ 林木良种名称：冬红花楸。良种学名：*Sordus sibirica* 'Dong Hong'。良种编号：黑S-ETS-SSDH-038-2012。良种等级：黑龙江省林木良种。选育人：梁立东（排名第5）。

标准规程编制情况：

■ 标准规程名称：冬红花楸栽培技术规程（DB/T 1638-2015）。标准规程等级：黑龙江省地方标准。起草人：梁立东（排名第9）。

■ 标准规程名称：冬红花楸育苗技术规程（DB/T 1677-2015）。标准规程等级：黑龙江省地方标准。起草人：梁立东（排名第7）。

科技奖励情况：

■ 获奖项目：花楸等东北特用经济树种繁殖生物学与技术。奖励名称：梁希林业科学技术奖科技进步奖。等级：三等奖；2019年（排名第5）。

■ 获奖项目：几种阔叶观赏树种引种的研究。奖励名称：黑龙江省林业和草原科学技术进步奖。等级：一等奖；2019年（排名第2）。

■ 获奖项目：俄罗斯小浆果种质资源引进与保存。奖励名称：黑龙江省林业科学技术进步奖。等级：一等奖；2015年（排名第4）。

■ 获奖项目：新西伯利亚花楸、腺叶稠李引种繁育研究。奖励名称：黑龙江省林业科学技术进步奖。等级：一等奖；2009年（排名第5）。

参考文献

成俊卿，杨家驹，刘鹏，1992. 中国木材志[M]. 北京：中国林业出版社.

姜楠，张颖，李长莉，姚国年，等，2004. 百华花楸播种育苗及一年生苗的管理[J]. 林业实用技术，4：25-26.

梁华，李玉石，郭立红，等，1999. 花楸播种育苗技术[J]. 山东林业科技(4)：23.

吕威，武剑秋，朱政敏，2001. 塑料大棚培育花楸苗木技术[J].中国林副特产(2)：32.

任步钧，1985. 观赏花木栽培[M]. 北京：人民日报出版社.

任宪威，1997. 树木学（北方本）[M]. 北京：中国林业出版社.

沈海龙，2005. 植物组织培养[M]. 北京：中国林业出版社.

沈海龙，2009. 苗木培育学[M]. 北京：中国林业出版社.

沈海龙，孔冬梅，王爱芝，等，2009.树木组织培养微枝试管外生根育苗技术[M].北京：中国林业出版社.

宋兴蕾，张鹏岩，胡金圣，2016.花楸的病虫害防治与养护[J]. 经济技术协作信息(28)：69.

王爱芝，2004. 花楸不同外植体的茎丛增生和愈伤组织诱导及植株再生[D]. 哈尔滨：东北林业大学硕士论文.

肖乾坤，2010. 花楸树种子变异、苗期生长变异及无性繁殖[D]. 北京：中国林业科学研究院硕士论文.

杨玲，2008. 花楸种子生物学研究[M]. 哈尔滨：东北林业大学出版社.

杨玲，刘春苹，沈海龙，2008. 低温层积时间和发芽温度对花楸种子萌发的影响[J]. 种子，27(10)：20-22.

杨玲，沈海龙，2017. 花楸组织培养技术[M]. 北京：科学出版社.

杨玲，沈海龙，梁立东，等，2009. 不同产区野生花楸果实和种子的表型多样性[J]. 东北林业大学学报，37(2)：8-10.

于春江，丁长廷，李殿波，等，1998. 绿化树木花楸及其栽培技术[J]. 中国林副特产（2）：21.

郑万钧，1985. 中国树木志[M]. 北京：中国林业出版社.

中国科学院中国植物志编辑委员会，1974. 中国植物志[M]. 北京：科学出版社.

周德本，1986. 东北园林树木栽培[M]. 哈尔滨：黑龙江科学技术出版社.

周以良，1986. 黑龙江树木志[M]. 哈尔滨：黑龙江科学技术出版社.